Kerzen verzieren

Schon die Römer kannten die Kerze als Talg-, Pech- oder Wachskerze, und sehr früh sind Kerzen im christlichen Gottesdienst bezeugt, für den sie nur aus reinem Bienenwachs hergestellt werden durften. Im Mittelalter war die Kerze die gebräuchlichste Beleuchtungsart.

Selbst in unserer modernen, nüchternen, zweckorientierten Zeit möchten wir das warme Licht einer Kerze nicht missen. Kerzen können uns durch alle Jahreszeiten, ja durchs ganze Leben begleiten.

So wie zu den herausragenden Ereignissen unseres Daseins, wie Geburten, Hochzeiten, Examina oder Jubiläen und zu allen religiösen Festen Lichterglanz erstrahlt, schafft auch schon eine einzige kleine Kerze mit ihrem Schein eine heimelige Stimmung.
Der besondere Reiz der Kerzendekoration besteht darin, daß man sich in der Motivwahl dem jeweiligen Zweck mit viel Phantasie genau anpassen kann.

Zum Dekorieren einer Kerze ist es meist unerheblich, ob diese teuer oder billig war, d. h. wieviel sie anteilig Stearin, Paraffin oder Bienenwachs enthält; ob sie gegossen oder nur gepreßt wurde. „Wertvoll" werden die Kerzen durch die eigene Dekoration.

Wichtig ist es allerdings, daß der Docht die richtige Stärke hat und zu 100% aus Baumwolle geflochten ist, damit das Abbrennen nachher auch wirklich Freude macht.

Auflage: 5. 4. 3. 2. 1 | Letzte Zahlen
Jahr: 1989 88 87 86 85 | maßgebend

ISBN 3-7724-1025-1 · Best.-Nr. 1025

frech-verlag
GmbH + Co. Druck KG Stuttgart
Druck: Frech, Stuttgart 31

Material und Werkzeug – Tips und Hinweise

Die benötigten Wachsfolien sind im einschlägigen Fachhandel erhältlich. Bitte beachten Sie, daß nicht jedes Fabrikat gleich gut haftet. Gute Haftfähigkeit ist aber sehr wichtig, sie macht das Arbeiten mit Wachsfolien nachher wesentlich leichter.

Wählen Sie eine Folienstärke von ½ bis knapp 1 mm. Also kein Modellierwachs nehmen! Sollte tatsächlich einmal eine größere Stärke benötigt werden, kann die Folie doppelt gelegt werden.

Sie werden bald herausfinden, daß Wachs ein höchst interessantes Material ist. Die Wachsfolien, die wir zum Verzieren verwenden, lassen sich formen, biegen, kneten, ausrollen.
Das erforderliche Werkzeug ist denkbar einfach: eine kleine, spitze, gerade Schere. Also keine Nagelschere verwenden. Gelegentlich werden noch ein Bleistift, ein Lineal, eine Ahle und ein Messerchen gebraucht (z. B. für Bandornamente).

Die Wachsfolien und die zu verzierenden Kerzen sollten bei Zimmertemperatur gelagert werden, denn sind Material und Raum zu kühl, haften die Bastelarbeiten nicht richtig. Ist es aber zu warm, wird die Form beim Andrücken leicht zerdrückt.
Als Arbeitsunterlage verwendet man am besten eine Resopalplatte, einen Küchentisch oder ähnliches. Sorgen Sie auch für gute Beleuchtung.
Ist die Verzierung vollständig, kann die Kerze lackiert werden. Dazu eignet sich am besten ein Klarlack (stark lösungsmittelhaltiger Lack auf Nitroacrylbasis), welcher mit einem dickeren Haarpinsel aufgetragen wird. Er schützt das selbstgefertigte Werk wesentlich besser

als ein Spray. Eine eingestaubte Kerze kann dann einfach abgewaschen werden. Übrigens verändert der Lack die Brennqualität einer Kerze überhaupt nicht. Der Pinsel sollte sofort nach Benützen mit Brennspiritus ausgewaschen werden, damit er ganz weich bleibt.

Die Reinigung der Arbeitsfläche und der kleinen Schere erfolgt am besten durch kräftiges Abreiben mit einem Papierhandtuch (Küchenrolle).
Stellen Sie sich gleich zu Beginn der Bastelarbeit eine Dose bereit, in welcher die Reste und Schnippel der Folien gesammelt werden. (Aber bitte keine Kerzenreste dazufügen, diese sind nur zum Gießen geeignet.) Aus diesen Folienabfällen lassen sich „Unterlagen" für plastisch gearbeitete Motive (z. B. Früchte, Tiere, etc.) formen.

Es ist empfehlenswert, die Kerzen vor dem Verzieren kräftig abzureiben. Dieser Handgriff trägt zum guten Haften der Dekoration bei.
Das Andrücken der einzelnen Teile geschieht am besten mit dem Handballen (Maus), so wird nichts zerquetscht bzw. verformt.

Soll der Effekt von Zweifarbigkeit erzielt werden, legt man ein winziges Stück Wachs der gewünschten Farbe auf die auszuschneidende Folie und verstreicht es vorsichtig, nach außen auslaufend, mit dem Zeigefingernagel.

Einfache Motive für den Anfang – verschiedene Blüten

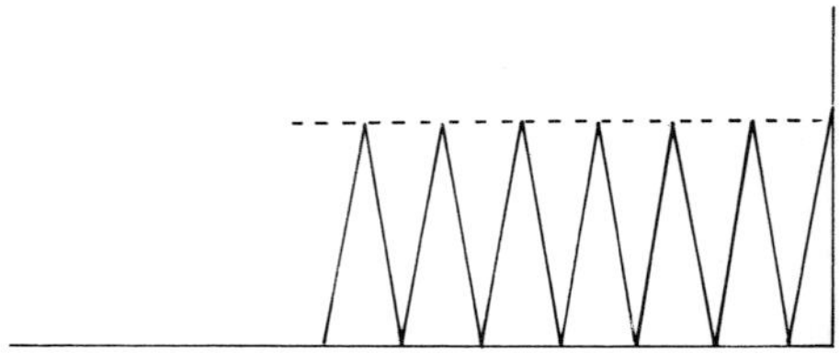

Schneiden der Blütenblätter

Versuchen Sie, schon bei der ersten eigenen Handarbeit ohne gekaufte Schablonen auszukommen. Es macht nichts, wenn das Erstlingswerk noch „Ecken und Kanten" hat. Beginnen Sie mit einfachen Blütenmotiven, z. B. Margeriten, Kornblumen oder einem Orangenbaumzweig, deren Vorlage sie aus der Natur oder einem Buch nehmen.

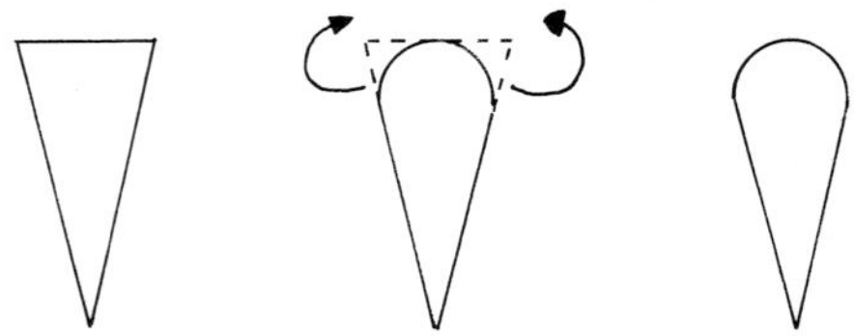

Blütenblatt; der gestrichelte Teil wird nach hinten gebogen

Und so wird's gemacht:
Schneiden Sie aus der Wachsfolie kleine, längliche Dreiecke (siehe Skizze); dadurch entsteht ein „Kamm", dessen „Zähne" Sie abschneiden. Für eine Blüte werden etwa sechzehn Dreiecke benötigt, je nach dem, wie eng Sie diese aneinanderreihen möchten. Nehmen Sie das spitze Ende des Dreiecks vorsichtig zwischen zwei Finger und drücken Sie die breiten Enden zusammen. Dadurch entsteht die Blütenblattform, die am äußeren Ende etwas erhaben ist.

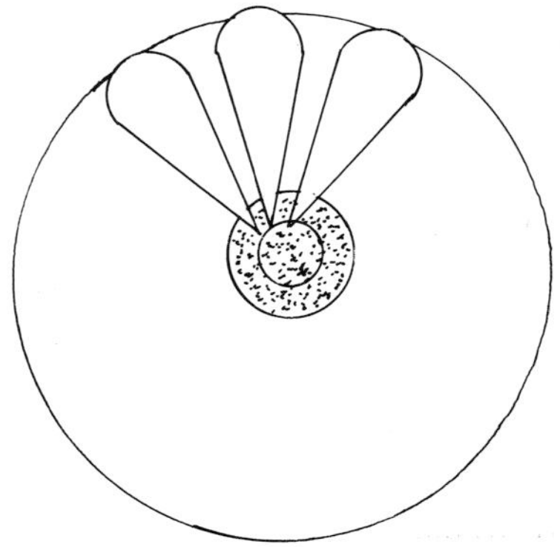

Margerite, stilisiert

Dort, wo die Blüte plaziert werden soll, stellen Sie sich einen Kreis vor und drücken die Blütenblätter an und zwar hauptsächlich in der Mitte, denn der Rand soll ja etwas erhaben hervortreten. In die Mitte wird daraufhin der Blütenstempel gesetzt, der aus einem Wachskügelchen gefertigt wird. Die Stiele möglichst dünn schneiden und mit nur wenigen Blättern versehen, denn die Hauptsache sollten doch die Blüten sein. Werden die Blätter vom Folienrand her (wie Skizze zeigt) geschnitten, ist der Verbrauch an Wachsfolie am sparsamsten.

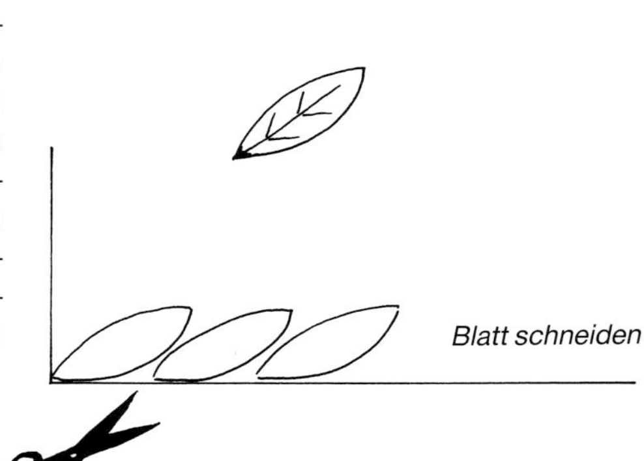

Blatt schneiden

Kornblumen sind auch einfach zu fertigen. Schneiden Sie aus der Wachsfolie kleine „Drachen" (1) aus, wovon wiederum zwei schmale Stücke ausgeschnitten werden (2).

Danach können die Spitzen leicht gebogen werden (3), und schon wirkt das Blütenblatt lebendig.

Anschließend können die einzelnen Blütenblätter je nach Belieben zu Blüten in Draufsicht oder Seitenansicht zusammengesetzt werden. Zuletzt setzen Sie auf die „ganze" Blüte als Stempel ein schwarzes Kügelchen, welches mit der Schere aufgerauht wird, und auf die „halbe" Blüte ein braunes Körbchen, welches das typische Muster mit der Scherenspitze eingeritzt bekommt. Gestalten Sie die Stiele und Blätter wieder betont zart.

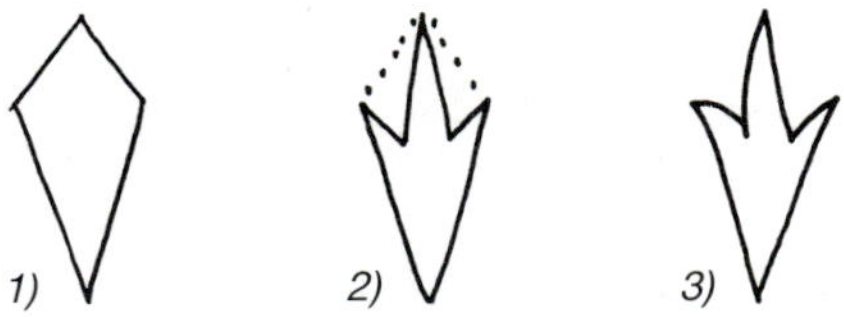

Stilisiertes Blütenblatt der Kornblume

Stilisierte Kornblumen

Blütenzauber. – Gar nicht schwierig und doch wirkungsvoll ist eine einfarbige Doldenblüte. Schneiden Sie aus der Wachsfolie einen Stengel, mehrere Blätter in verschiedenen Größen und etwa sieben zarte Stengelchen für die Dolde aus.

Arrangieren Sie die Teile nach Gutdünken auf der Kerze und drücken sie an. Fügen Sie dann winzige Wachskügelchen als Blüte hinzu. Stechen Sie zuletzt mit einer Ahle Löcher zwischen die Kügelchen und verstreut so über die Kerze, als flögen die überreifen Blüten davon.

Plastische Motive

Wenn Sie Früchte herstellen wollen, wie z. B. Orangen oder Birnen, formen Sie den benötigten Unterbau aus Abfallverzierwachs vor und überziehen ihn dann mit der entsprechend größer ausgeschnittenen Form in der richtigen Farbe. Diese Folie über den Unterbau ziehen und streichen, so daß dieser sauber verdeckt ist und die Frucht ganz echt wirkt. Jetzt erst wird die ganze Frucht auf die Kerze gedrückt.

Unterbau zur Birne

Aus dem Tierreich

Je mehr Sie mit den Folien arbeiten und experimentieren, desto geschickter werden Sie und um so mehr Ideen werden kommen.

Auch der Tierwelt können die verschiedensten Motive entnommen werden. Beispiele dafür: Vögel, Fische, Bienen, Katzen, Käfer oder Schmetterlinge.

Für die Fühler, Beinchen, etc. von Insekten und dergleichen wird das Wachs ganz dünn ausgerollt. Dann werden zuerst diese und anschließend der Kopf und der Tierkörper an der Kerze angebracht.

Geometrische Ornamente

Wer strenge, geometrische Formen und Ornamente bevorzugt, kann in dieser Richtung sehr reizvolle Dekorationen schaffen. Man kann sich dazu auch von großen, alten Kulturen inspirieren lassen, von den Inkas oder Griechen etwa. Reizvoll ist sowohl die Vielfalt der möglichen Formen und Figuren, wie die Abstufung der Farbenskala. Als Muster kann die stahlgraue Zuckerhutkerze mit silbernem und blauem Ornament dienen.

Wann immer Sie Wachs ausrollen (ggf. aus der Abfalldose), fangen Sie mit kleinen Mengen an. Die Kunst ist, das Wachs ganz gleichmäßig auszurollen. Daraus wird nun die Zahl „6“ geformt, diese dann zu Figuren zusammengesetzt, mit kleinen Quadraten verbunden und schon ist ein hübsches Bildmuster erzielt.

Bei einigen Ornamenten ist es günstiger, das Muster mit dem Messer auszuschneiden. Achten Sie darauf, daß in diesem Fall die Folie auf einem Stück Pergament- oder Backtrennpapier liegt. Sie würde sonst unweigerlich auf der Arbeitsunterlage kleben bleiben.

Kommunionkerzen

Auf den langen, dünnen Kommunionkerzen sollte der Dekor besonders zart gestaltet werden. Die 5 Blütenblättchen (pro Blüte) auf diesen Beispielen wurden genau wie die Blütenblätter der stilisierten Margerite hergestellt, nur wesentlich kürzer und etwas schmaler.

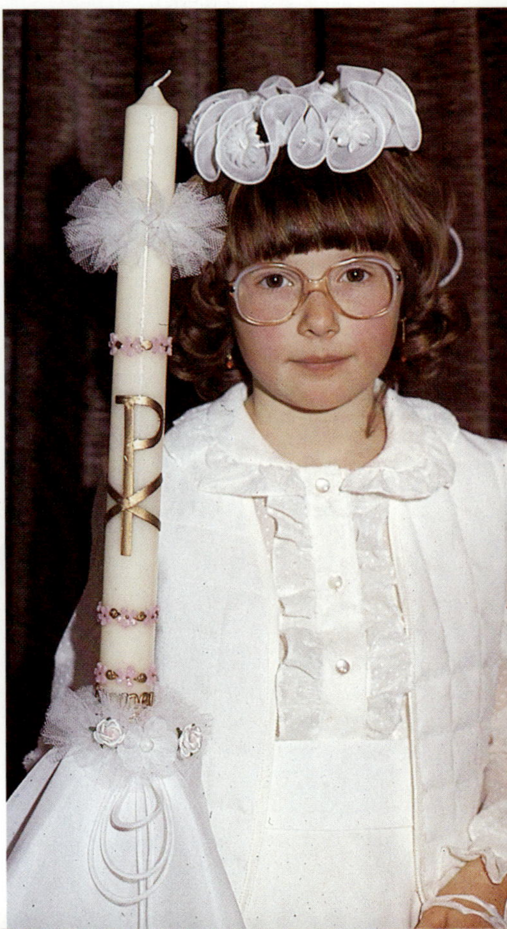

Wenn es weihnachtet

Die ganz hohe Zeit für Kerzen ist natürlich die Advents- und Weihnachtszeit. Selbst Kinder möchten da oft mitbasteln und mitwirken.

In Gedanken erscheinen die kleine Stadt Bethlehem, die Hirten auf dem Felde, die drei Weisen aus dem Morgenland oder die Flucht der Heiligen Familie nach Ägypten. Auch Christrosen und Weihnachtssterne sind herrliche Motive für diese Zeit.

Besonders hübsch sind Verzierungen nach der Art eines Scherenschnittes: Dazu zeichnet man die Silhouetten der Figuren auf Backtrennpapier, legt dieses auf die Wachsfolie und fährt die Konturen mit einem spitzen Bleistift nach. Dann werden die Formen ausgeschnitten, auf der Kerze arrangiert und angedrückt.

Eine weiße oder helle Kerze mit dunklen Figuren gibt beim Brennen einen sanften Schein und leuchtet sozusagen „von innen heraus".

Nach der Schritt-für-Schritt-Bildfolge können Sie einen Weihnachtsstern leicht erarbeiten:

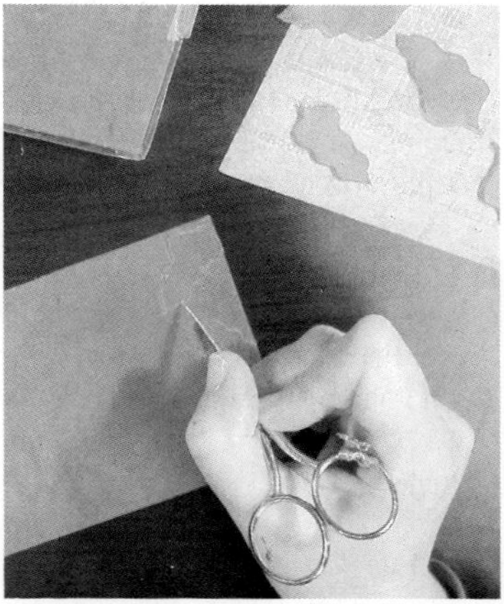

Ritzen Sie die Umrisse eines roten Blattes auf die Wachsfolie (oder verwenden Sie eine selbstgezeichnete Schablone). Das freie Aufzeichnen bzw. Aufritzen mit der Schere hat jedoch den Vorteil, daß kein Blatt haargenau dem nächsten gleicht. Wir machen ja keine Maschinen-, sondern Handarbeit.

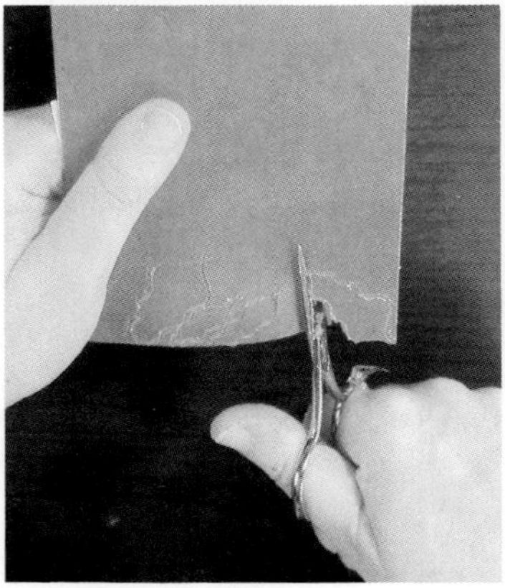

Schneiden Sie nun die roten Blätter aus. Für den ersten Blätterkranz werden 7-8 größere Blätter benötigt.

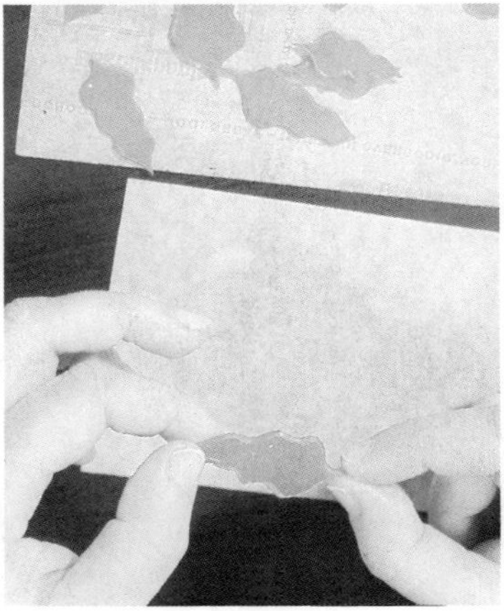

Die Blattstiele brauchen nur andeutungsweise ausgeschnitten zu werden, sie werden ganz vorsichtig mit dem Daumen und Zeigefinger gezupft bzw. in die Länge gezogen.

So wird der erste Blätterkranz auf der Kerze fixiert. Achten Sie darauf, daß die Blattspitzen noch abstehen.

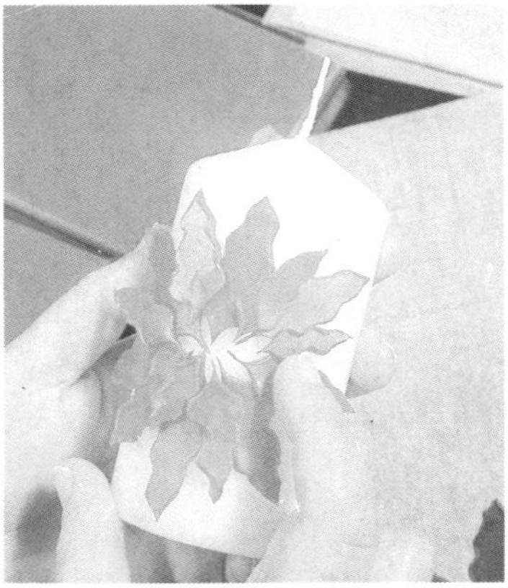

Darauf wird der zweite Blätterkranz – mit etwas kleineren Blättern – arrangiert.

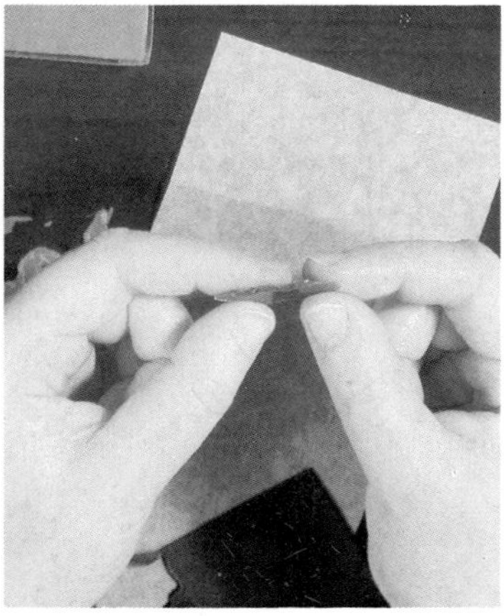

Die grünen Blätter brauchen gar keinen Stiel zu haben, im Gegenteil, sie werden etwas abgeflacht, indem etwas Wachs am breiten Ende des Blattes mit zwei Fingern weggezogen wird.

Schieben Sie nun die grünen Blätter (6-8) unter den roten Kranz, ganz einfach dort, wo sie am geschicktesten darunter passen und hübsch aussehen. – Danach können Sie den ganzen Stern mit dem Handballen behutsam andrücken.

Rollen Sie mit dem Zeigefinger die Kügelchen für die eigentliche Blüte. Recht klein sollen die grünen Kügelchen sein, die gelben noch kleiner und am winzigsten die roten!

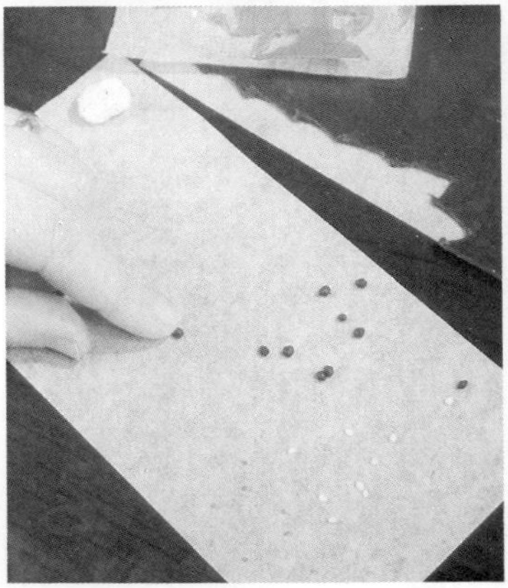

Damit können Sie die Blüte aufsetzen. Plazieren Sie zunächst die (etwa 9) grünen Kügelchen und drücken Sie diese sacht an. Die gelben Kügelchen werden nun auf die grünen gesetzt, darauf dann die roten. Da die gelben und roten Kügelchen so winzig sind, daß man sie nicht fassen kann, tupfen Sie sie mit der Fingerspitze von der Unterlage und dann auf die Kerze. – Zuletzt können Sie wieder die Blattadern einritzen und das fertige Werk lackieren.

Ganz einfach zu fertigen ist eine orientalische Stadt, denn die Häuser mit gewölbten oder flachen Dächern sind leicht auszuschneiden.

Türen und Fenster (klein und in dunklem Farbton) werden daraufgesetzt. Werden die größeren Gebäude auf der Kerze unten plaziert und die kleineren weiter oben, wirkt das Ganze optisch richtig. Einige grüne Palmen runden das Bild ab.

Für die Sterne schneidet man Quadrate in verschiedenen Größen aus, die von den Ecken her schrägt eingeschnitten werden. Goldene Sterne glänzen zwar stärker, wirken beim Abbrennen aber dunkler als gelbe.

Einfachster Stern

Ganz besonders gefragt und beliebt bei allen Bastelkursen sind die dreidimensionalen Christrosen. Die Fotos auf den folgenden Seiten sollen Ihnen zeigen, wie diese zauberhaften Blüten hergestellt werden.

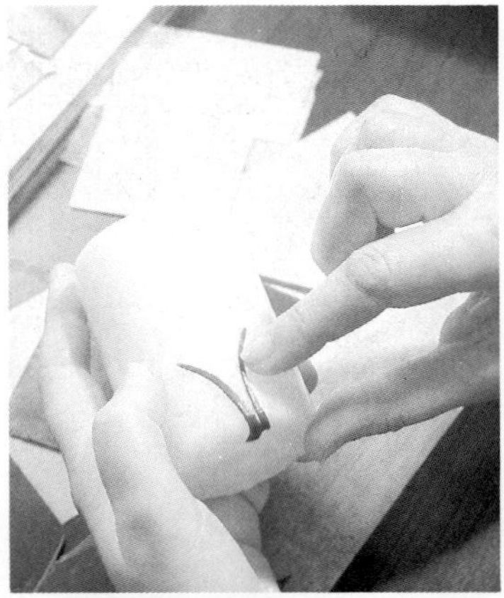

Schneiden Sie zuerst zwei Stiele aus und drücken Sie diese auf der Kerze an. Selbst wenn Sie z. B. drei, vier oder fünf Blüten anbringen möchten – mehr Stiele sind nicht vonnöten – lassen Sie die anderen Blüten einfach hinter den Blättern hervorwachsen.

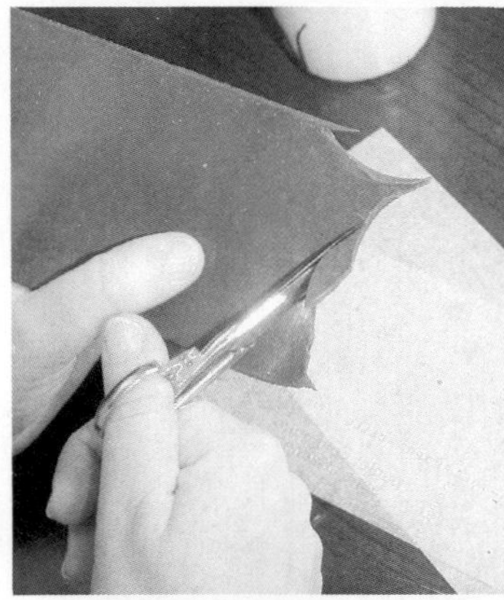

Schneiden Sie die gewünschte Zahl Blätter aus...

...und arrangieren Sie diese auf der Kerze.

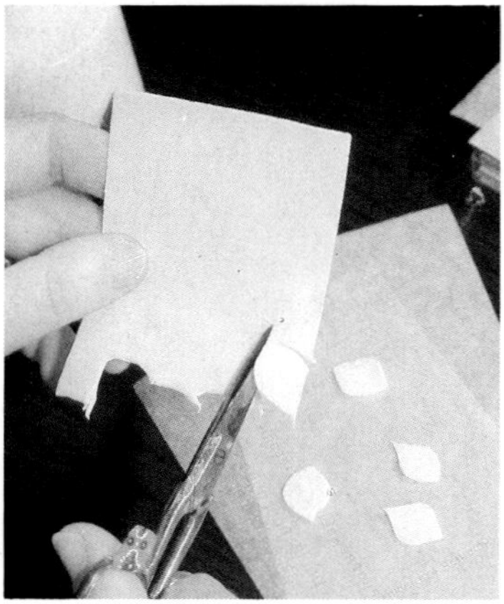

Schneiden Sie jetzt die Blütenblätter aus, und zwar fünf Stück pro Blüte. Übrigens, sollte ein Blütenblatt noch unschöne Zacken haben, schneiden Sie ein wenig nach und fahren mit dem Finger entlang der Kante, dadurch werden Unebenheiten ausgeglichen.

Wenn Sie – wie abgebildet – am Grund des Blütenblattes ein winziges Stückchen gelber Wachsfolie mit dem Nagel verreiben, und zwar nach oben auslaufend, wirkt die Blüte nachher besonders echt.

Sind die Blütenblätter derart präpariert, werden sie etwas modelliert, . . .

... so daß sie ganz einfach zu einem Kelch gefügt werden können.

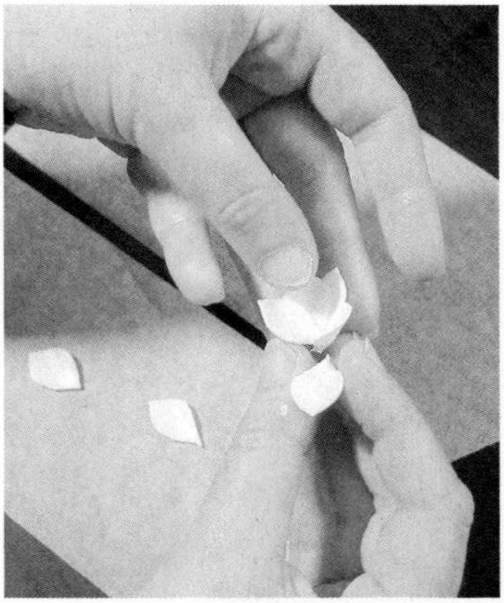

Das Andrücken der Blüten auf der Kerze erfordert etwas Gefühl und Geschick. Durch die Wärme der Hände sind die Wachsteile sicher so weich, daß sie gut haften. Sonst hält man sie ganz kurz an eine Wärmequelle. Die dreidimensionale Blüte wird „von innen" angedrückt, gerade so, daß sie fest sitzt, aber nicht zerquetscht wird!

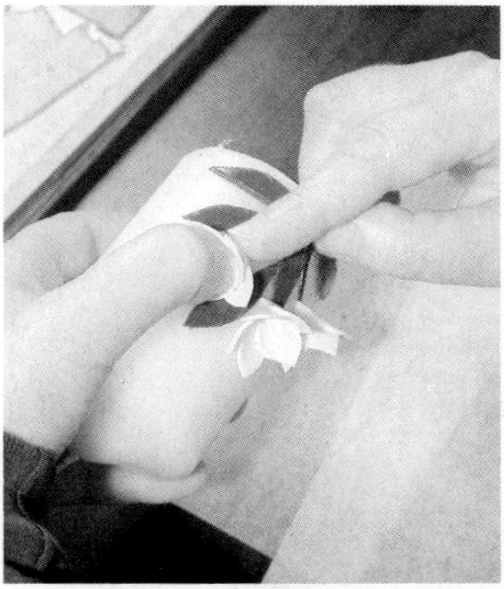

Nun können Sie einen kleinen gelben Kegel als Stempel in den Kelch fügen – ...

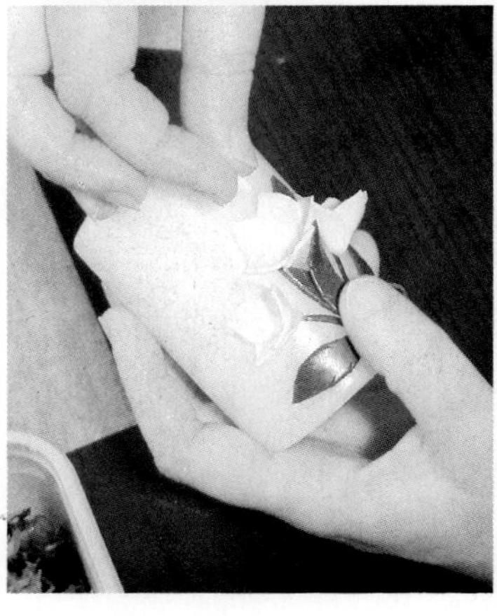

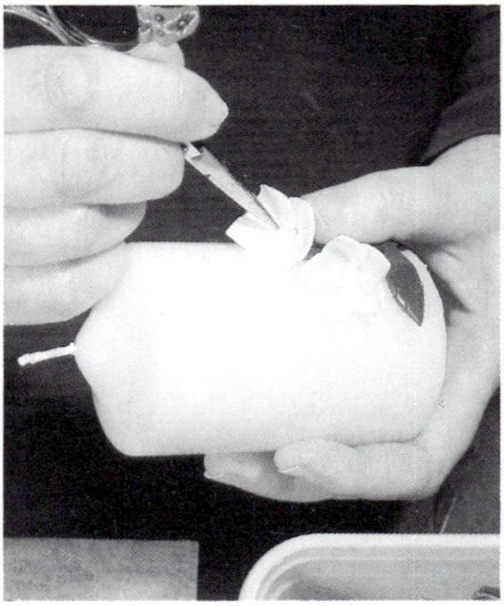

... dieser wird mit der Scherenspitze etwas aufgerauht – ...

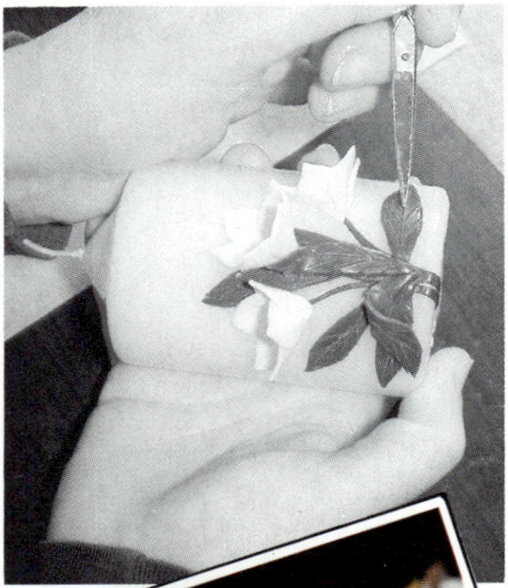

... und die Blattadern können jetzt ebenso eingeritzt werden.

Halten Sie die Kerze beim Lackieren mit dem Docht nach unten, damit eventuell überschüssiger Lack zunächst Richtung Kerzenspitze läuft. Ist die ganze Kerze lackiert, stellen Sie sie auf ein Papier und kontrollieren noch mehrmals, ob sich nirgends Lacktropfen und Lackverdichtungen gebildet haben.

Nach derselben Technik wie Christrosen können auch Klatschmohnblüten, Seerosen sowie alle anderen dreidimensionalen Blüten gefertigt werden.

Überraschen Sie beim nächsten Fest Ihre Gäste mit einer ganz und gar individuell geschmückten Tafel. An jedem Platz steht eine kleine Kerze – verziert mit der Lieblingsblume des Gastes oder mit dem Wappen seiner Geburtsstadt – und dazu das passende Tischkärtchen. Ohne Zweifel werden die Geladenen ins Schwärmen geraten!
Eine andere Idee zum Schmücken einer Tafel sind Kerzen, die dasselbe Motiv haben wie Tischtuch und Servietten oder das gleiche Muster wie das Geschirr. Probieren Sie es mal!

Schöner als Fernsehen kann für Kinder das Basteln mit Wachsfolien sein, und mit Hahn und Henne schmeckt das Frühstück nochmal so gut.

Wenn Sie zur Geburt eines kleinen Erdenbürgers ein praktisches und gleichzeitig individuelles Geschenk brauchen, wählen Sie doch einen Kinderteller mit hübschem Dekor – etwa in der Art „naiver Kunst" – und verzieren Sie dann eine Kerze mit dem gleichen Motiv. Werden Sie gar zum Paten erkoren oder möchten Sie das Schmücken der Festtafel übernehmen, ist vielleicht der folgende Vorschlag interessant: Verzieren Sie eine große Kerze mit einem Blütenkranz, z. B. wie der abgebildete Veilchenkranz, und mit dem Namen und Geburtsdatum des Täuflings. Verzieren Sie dann dazu passend Mini-Kerzen für die Festtafel.

Die Blütenblätter für Veilchen werden – genau wie die für Stiefmütterchen – in Tropfenform ausgeschnitten (letztere etwas größer und breiter), dann werden zweimal zwei Blütenblätter parallel gestellt, zuletzt das fünfte unten angefügt und ein gelbes Wachskügelchen in die Mitte gesetzt.

Manchmal ist es sehr schwierig, die Wachsfolien genau in der gewünschten Farbnuance zu erhalten. Oder die Farbe stimmt, dafür aber hat die Wachsfolie eine schlechte Haftfähigkeit. So wurde in diesem Fall für das Muster „Botanica“ schlecht haftende hellgrüne Folie auf hervorragend haftende giftgrüne Folie gelegt.

Dekorationen passend zu den Porzellanmustern „Petite Fleur“ und „Botanica“ sind eine sehr zeitaufwendige Arbeit. Einmal zu Ende geführt, bereitet das Werk dem Bastler und dem Beschenkten große Freude. Bei „Petite Fleur“ wurde für die Gänseblümchen ein „Hauch“ von Weinrot auf die weiße Folie gerieben. Für die Vergißmeinnicht wurden ¾ Hellblau und ¼ Kornblumenblau gemischt.

Wappen und Embleme

Eine besonders reizvolle Aufgabe ist die Dekoration von Kerzen mit Wappen.

Wie immer fangen Sie zuerst mit einem einfacheren Muster an. Benützen Sie eine Abbildung des gewünschten Motivs als Schablone. Schneiden Sie vorab die Form der Wappentafel aus der Wachsfolie aus. Legen Sie diese vor sich auf ein Stück Backtrennpapier. Schneiden Sie dann das Motiv aus und legen dieses auf die ausgeschnittene Wappentafel. Aber nur leicht andrücken. Es empfiehlt sich dann, das Wachswappen etwas nach hinten außen zu biegen, so daß es die Rundung der Kerze annimmt. Kontrollieren Sie gleichzeitig, ob das Motiv genau an der gewünschten Stelle bleibt und nicht verzerrt wird. Sofern alles stimmt, kann das selbsthergestellte Wappen auf der Kerze angedrückt werden.

Kleinste Motiveinzelheiten werden am besten angebracht, wenn das Wappen am Platz ist. Dasselbe trifft auch für eventuell gewünschte Schrift zu.

Wenn Sie eine Beschriftung anbringen möchten, rollen Sie ein Stückchen Verzierwachs auf der Unterlage aus und formen dann die Buchstaben vor. Legen Sie die Buchstaben zum benötigten Wort vor sich auf Backtrennpapier zurecht. So läßt sich besser abschätzen, wie die Einteilung auf der Kerze vorzunehmen ist.

Sehr reizvoll sind die Wappen der ehemaligen Reichsstädte, die auf ihrer Abbildung einen Adler tragen.

Nach derselben Art und Weise können natürlich auch die verschiedensten Embleme für Vereine hergestellt werden.

Unsere Welt

Wer während einer Reise kein Andenken erstehen konnte oder wollte, kann sich später eine hübsche Erinnerung aus Wachs schaffen.

Alles mögliche läßt sich darstellen: eine Fahrt mit dem Schoner auf rauher See, eine Begegnung mit einer Karawane in der Wüste oder was sich sonst dem Gedächtnis besonders gut eingeprägt hat.

Eine Kerze in Kugelform (mit einem ausgesprochen langen Docht, so daß sie daran aufgehängt werden kann) läßt sich als Erdkugel gestalten. Dazu paust man die Umrisse der Länder und Kontinente aus einem Atlas ab. (Maßstab entsprechend der Kugelgröße.)

Dann wird das Pauspapier auf die Wachsfolie gelegt und mit einem spitzen Bleistift nachgefahren. Anschließend das Papier abnehmen, die Folie den Umrissen entlang vorsichtig ausschneiden und auf die Kugel drapieren.

Der Stammbaum . . . einmal anders

Für Menschen mit ausgeprägtem Familiensinn ist der Stamm- oder Sippenbaum ein ansprechendes Thema!
Wählen Sie zu diesem Zweck eine besonders große und dicke Kerze, damit auch ein stattlicher Baum darauf Platz finden kann. Zeichnen Sie nach Ihrer Vorstellung einen Baum und verwenden die Zeichnung als Schablone. Arrangieren Sie den ausgeschnittenen Wachsbaum auf der Kerze und „hängen" die Namensschilder der Familienmitglieder an die verschiedenen Äste. Daraufhin können Sie den Baum mit Blättern und Blüten ganz nach Wunsch schmücken und unter den Wurzeln noch die Familiennamen der Ahnen anbringen.